LA CONQUÊTE DE L'AIR

LES DÉBUTS

DU

VOYAGE EN ZIG-ZAG

PAR

W. DE FONVIELLE

VUES A 1,500 ET A 3,000 MÈTRES DU SOL

DESSINÉES D'APRÈS NATURE, PAR M. MIRANDA

PARIS

AUGUSTE GHIO, ÉDITEUR

QUAI DES GRANDS-AUGUSTINS, 41

1874

LA CONQUÊTE DE L'AIR

LES DÉBUTS

DU

VOYAGE EN ZIG-ZAG

PAR

W. DE FONVIELLE

VUES A 1,500 ET A 3,000 MÈTRES DU SOL

DESSINÉES D'APRÈS NATURE, PAR M. MIRANDA

PARIS

AUGUSTE GHIO, ÉDITEUR

QUAI DES GRANDS-AUGUSTINS, 41

1874

IMPRIMERIE EUGÈNE HEUTTE ET Ce, A SAINT-GERMAIN.

LES DÉBUTS

DU VOYAGE EN ZIG-ZAG

Nous donnons au lecteur le récit d'une ascension qui, sous beaucoup de points de vue, notamment de la durée, ne mérite pas de figurer dans les fastes de la navigation aérienne; mais quand M. Leverrier a bien voulu s'intéresser à mes expériences, il m'a fait promettre de donner un récit véridique et complet de toutes les observations que je ferais en l'air, et de tous les incidents qui pourraient survenir. C'est une promesse dont je suis heureux de m'acquitter vis-à-vis de l'illustre astronome. En effet, si la navigation aérienne ne fait pas plus de progrès, ce n'est pas que les ascensions soient en réalité trop peu fréquentes; c'est surtout parce que les aéronautes ne savent pas souvent se rendre compte à eux-mêmes de ce qui leur arrive et que presque toujours ils négligent d'en rendre compte aux autres. Il en résulte que les récits de ces excursions aériennes, où il y a tant de choses à apprendre, sont presque toujours d'une monotonie effrayante, à telles enseignes que les journaux anglais ont complétement cessé de rendre compte de celles qui s'exécutent en Angleterre. Si l'on ne faisait quelques efforts pour mieux faire, les feuilles françaises ne tarderaient point à imiter cette indifférence. J'aurai donc rempli mon but si j'ai été assez heureux pour montrer que dans l'air le temps ne fait rien à la chose et qu'une ascension courte n'en est pas moins digne d'occuper quelquefois les personnes qui s'intéressent aux progrès de l'art.

Les observations que nous allons décrire ont été faites le 27 mai 1874, à bord du *Guillaume-Tell*, mis à ma disposition par le ministre de la guerre pour exécuter des expériences. Cet aérostat, du port de 2,045 mètres cubes, a été construit par M. Eugène Godard, au commencement du siége de Paris. Il a été lancé une première fois par cet habile aéronaute le 14 octobre 1870, à 1 heure 25 minutes du soir, et est descendu près de Nogent-sur-Seine à 5 heures, après avoir parcouru 100 kilomètres en près de quatre heures.

Il était alors dirigé par M. A. Tissandier, architecte de la ville de Paris, frère du directeur du journal *la Nature*, dont je suis un des collaborateurs. M. Albert Tissandier avait à son bord M. Ranc, adjoint à la mairie de la rue Drouot, qui partait en province avec une mission pour M. Gambetta et qui était accompagné par M. Ferrand, son secrétaire.

Les mésaventures des deux passagers du *Guillaume-Tell* eurent un grand retentissement. Après avoir été nommé membre de l'Assemblée de Versailles et de la Commune de Paris, M. Ranc fut condamné à mort et se trouve actuellement en exil. M. Ferrand a pris part à des entreprises de fourniture militaire qui ont entraîné sa condamnation à cinq ans de prison, à l'amende et à la restitution.

La descente du *Guillaume-Tell* fut heureuse, quoique voisine du pays occupé par les Prussiens. Les dépêches parvinrent rapidement au gouvernement établi alors à Tours. Les détails de l'expédition furent publiés par M. Tissandier dans le *Moniteur*, où nous avons également raconté notre ascension du 27 mai 1874. M. Dalloz a donné aux deux aéronautes successifs du *Guillaume-Tell* l'hospitalité dans les colonnes de la feuille qu'il dirige.

Mon expédition a eu lieu sous le patronage de l'Association scientifique de France dont M. Leverrier, directeur de l'Observatoire national, est le président. Je m'étais fait aider par M. Charles Chavoutier, jeune architecte qui a participé sous ma direction à quelques ascensions décrites dans les *Voyages aériens*, ouvrage publié avant la guerre.

J'avais pris dans la nacelle M. Miranda, artiste du *Monde illustré*, chargé d'exécuter des illustrations pour ce journal dont M. Dalloz est également le directeur. Il s'y trouvait également M. Lesage, inventeur d'une hélice aérienne pour mesurer la hauteur verticale parcourue par le ballon à l'aide d'un mouvement mécanique, et M. Guerrapain, propriétaire.

Nous ne fûmes prêts à partir qu'au milieu du mois de mai, dont les commencements furent froids, humides, venteux. On était loin de soupçonner alors que nous allions entrer dans une saison exceptionnellement chaude. Il était facile de voir que nous nous trouvions dans une période fort agitée, car le soleil se couchait régulièrement chaque soir au milieu d'une sorte de tempête.

Insensiblement ces troubles anormaux disparurent et l'air reprit le repos dont il jouit en ce moment de la journée, quand il n'est pas troublé par des circonstances extraordinaires. Cependant le baromètre, qui n'avait que très-peu remonté, était encore au variable quand nous choisîmes le jour de notre départ.

Nous fûmes donc sobres d'invitations, omettant même de convoquer l'*Association scientifique* dont nous avions cependant le patronage. Nous ne fîmes qu'une exception en faveur des ambassadeurs birmans, car nous étions persuadés que le spectacle d'une ascension serait particulièrement agréable à ces Orientaux. Nous tenions à leur montrer un spectacle dont ils n'avaient jamais joui et qui nous paraissait par conséquent de nature à augmenter la bonne opinion qu'ils ont dû concevoir de la France.

Le 26 au soir, veille du jour fixé pour l'ascension, nous nous rendîmes à l'usine pour procéder aux derniers préparatifs, ce qui nous permit d'assister à un spectacle que je crois très-rare.

Le ciel était couvert du côté du couchant par de très-gros nuages noirs qui cachaient entièrement le soleil, et qui flottaient dans un air humide. Ces nuages étaient très-homogènes et distribués en couches horizontales. Le soleil, entraîné par le mouvement diurne, finit par montrer la portion inférieure de son disque. On le vit grandir aussi régulièrement que s'il émergeait du sein d'une mer tranquille. La partie inférieure des nuages qu'il quittait était aussi nette, aussi bien tranchée que la face d'un océan sur laquelle aucun zéphyr ne viendrait imprimer une ride. A mesure que le soleil se dégageait, il se teignait fortement en couleur rougeâtre. Quand le disque apparut tout entier entre les nuages et l'horizon, on vit quelques instants un spectacle analogue à celui qu'on contemple dans les grands brouillards de l'hiver. Bientôt ce cercle rouge de feu vif disparut dans une masse de vapeurs augmentant de densité à mesure que les rayons rasaient de plus près la surface de la terre.

La nuit fut tranquille, mais le ciel resta presque constamment couvert de gros nuages empêchant de voir la lune qui était presque pleine et qui ne se coucha qu'aux approches du jour.

Ces symptômes météorologiques étaient loin de présager une journée calme et un air tranquille; malgré sa réputation un peu usurpée le mois des fleurs est loin d'être favorable aux aéronautes.

Il était onze heures du matin lorsque nous vîmes arriver à l'usine de la Villette Ken Won-Mongi, le premier ambassadeur et ministre des affaires étrangères de S. M. l'Empereur de Birmanie, S. Ex. Savay Daugi, secrétaire de Sa Majesté l'Empereur, et une suite de huit personnes comprenant deux officiers servant de drogmans, un pour la langue française, l'autre pour la langue anglaise. Ces derniers ne portaient pas le costume national, mais un habillement européen, et ils étaient coiffés d'un fez.

Je me mis immédiatement à la disposition de nos hôtes, ce qui me valut dans les journaux bonapartistes des apostrophes assez violentes auxquelles je ne crus pas qu'il fût convenable de répondre. Cependant il n'est peut-être pas superflu de dire maintenant ce que je pense à cet égard.

On me reprochait avec amertume de m'être mis au service de Princes étrangers en oubliant le républicanisme dont je faisais profession. Quelques critiques allèrent même jusqu'à insinuer que je n'avais d'opinion politique que vis-à-vis du peuple, c'est-à-dire qu'autant que cela pouvait servir à me rendre populaire.

Quoiqu'une profession de foi puisse paraître déplacée dans le récit d'une ascension, je ne peux m'empêcher de remarquer que nos institutions républicaines doivent être considérées comme un fait purement national. Nous n'avons en aucune façon le droit de nous immiscer dans les affaires des autres peuples et de leur imposer un mode de gouvernement qui peut être antipathique à leurs mœurs, à leurs habitudes, à leur climat. Les représentants de leurs souverains de fait doivent être à nos yeux leurs représentants légitimes, et à ce titre ils ont droit à nos égards, quelle que puisse être notre opinion particulière sur leurs lois et sur leurs mœurs. Nous ne devons faire d'autre propagande au dehors que celle qui résulte de notre sage conduite et de la rapidité avec laquelle une république honnête, laborieuse, arrivera à réparer les maux de la patrie.

Nous savions, comme tout le monde, que les ennemis de la France ont fait de grands efforts pour persuader aux peuples de l'Orient que notre nation est en pleine décadence, que l'on ne peut contracter avec nous d'alliances utiles et sérieuses. Nous croyions donc remplir un devoir patriotique en les faisant assister à une expérience que l'Allemagne n'aurait jamais pu leur offrir. Paris est à peu près la seule ville où l'on exécute des ascensions par goût des voyages aériens ou pour sonder les mystères de l'atmosphère.

Je ne négligeai rien pour faire comprendre aux diplomates intelligents et réservés qui m'écoutaient, que depuis la guerre les Allemands avaient compris la nécessité de créer un matériel et un personnel aérostatiques, mais qu'ils avaient été réduits à faire exécuter par des aéronautes étrangers les ascensions dans leurs jardins publics, aucun de leurs nationaux n'étant en état de s'adonner utilement à cet art. Je fis rire mes interlocuteurs en leur rappelant les mésaventures de l'armée allemande faisant venir à grands frais un aéronaute américain qui ne put venir à bout de gonfler un ballon captif, et qui, après avoir pris leur argent, se sauva dans une partie de la France où leur armée n'avait point encore pénétré. Je racontai comment les ballons avaient été découverts par les frères Montgolfier et avaient servi aux soldats de la première République pour exciter leur enthousiasme à un moment difficile où quelques revers auraient peut-être suffi pour démoraliser une nation qui ignorait encore sa puissance.

Je m'aperçus avec la plus vive satisfaction que les Orientaux n'étaient point indifférents à l'histoire du siége de Paris. Le nom des aéronautes et des aérostats les intéressait vivement. Quelques-uns leur étaient familiers. Ils connaissaient l'histoire du ballon de Norwége, celle du ballon de M. Gambetta. Ils n'ignoraient même pas l'existence de mon ballon *l'Égalité*, parce que j'avais raconté mon excursion dans le *Times*, et que le *Times* pénètre à la cour de leur Empereur.

Quoiqu'ils aient de vives sympathies pour la France, qui ne saurait menacer leur indépendance, ils entretiennent en même temps une haute idée de la puissance britannique. C'est en général la langue anglaise qui sert dans leur pays de véhicule à la civilisation occidentale.

Seuls peut-être de toute l'assistance les ambassadeurs eurent une pensée pour Lacaze et pour Prince, les deux aéronautes du siége de Paris, glorieusement engloutis dans l'Océan. Ils me demandèrent de leur expliquer comment avait eu lieu cet épisode tragique, et je m'empressai de satisfaire sommairement leur curiosité à cet égard. Afin de couronner dignement cet entretien et de laisser dans leur esprit une impression durable, je leur fis visiter plusieurs parties intéressantes du magnifique établissement où nous nous trouvions en ce moment, et qui est bien une des merveilles de la capitale.

L'usine de la Villette est devenue insensiblement une sorte de caravansérail aérostatique. Sans parler des ascensions que nous avons décrites dans les

Voyages aériens et de celles qui ont eu lieu pendant le siége, M. Gaston Tissandier, M. Gratien, M. Crocé-Spinelli, M. Duruof y lancèrent successivement des aérostats dans ces derniers mois. MM. Curie, directeur, et Urbain, sous-directeur, ont acquis des connaissances techniques, et toutes les manœuvres sont facilitées par la disposition du terrain aussi bien que par la construction d'une vanne permettant de régler admirablement l'arrivée du gaz. Depuis notre ascension du 27 mai, M. Jules Godard a exécuté avec un ballon de 2,500 mètres une ascension qui a eu lieu dans des circonstances analogues, et qui s'est terminée brusquement après une demi-heure de voyage.

Le gonflement marcha régulièrement pendant une heure; malheureusement un de nos volontaires aéronautiques, qui coopérait pour la première fois au gonflement du ballon, respira quelques bouffées de gaz et tomba évanoui sous les toiles. On s'aperçut aussitôt de ce qui était arrivé et on le retira assez à temps pour que l'on pût lui faire reprendre peu à peu connaissance; mais ce ne fut pas sans peine, et nous éprouvâmes quelques moments d'anxiété véritable. Petit à petit, ce brave coopérateur reprit ses sens, et nous pûmes l'installer confortablement dans la petite cour de la cantine, où il recouvra l'usage complet de ses facultés. Quand nous prîmes l'air, il était, paraît-il, assis devant une table où il semblait entièrement oublier le péril grave qui avait menacé ses jours.

Le matin, le ciel était couvert d'une couche continue de nuages qui avaient pris, par suite du refroidissement nocturne, une épaisseur suffisante pour qu'il fût impossible d'apercevoir un seul point du soleil. Mais à mesure que l'astre s'élève au-dessus de l'horizon, il acquiert une force plus grande, surtout à cette époque de l'année ; aussi l'on ne tarda point à s'apercevoir que la voûte qui couvrait le ciel se démembrait. Bientôt les débris formant une multitude de nuages disjoints, se déplaçaient dans la direction du sud-ouest. Dès huit heures, l'aspect du ciel avait tout à fait changé. La teinte bleue du firmament était marbrée par une série de cumulus uniformes qui, poussés par un vent assez faible, naviguaient de conserve. On eût dit une flotte de vaisseaux manœuvrant de manière à éviter les abordages et à conserver toujours leurs distances.

Mais ces masses de vapeurs ne peuvent se déplacer sans être suivies par un cylindre d'ombre auquel elles servent de base et dont les génératrices sont orientées sur le soleil. Les rayons de l'astre ne peuvent pénétrer dans l'intérieur de ce cylindre solide où règne une température moins élevée qu'au dehors. Il en résulte forcément une contraction rapide de l'air et, par conséquent, un appel de l'air extérieur, avec une énergie dont il est facile de se rendre compte en faisant quelques hypothèses.

Comme le volume d'un gaz quelconque se rétrécit de 1/300 de sa valeur chaque fois que la température tombe de 1°, on peut admettre que chaque mètre cube d'air perde environ 30 litres chaque fois qu'il est englobé dans l'ombre ambulante, si l'on suppose que l'intensité de la chute thermométrique y soit de 10° centigrades.

Dans les circonstances ordinaires, ce chiffre est peut-être exagéré, au moins à la surface de la terre, car les molécules d'air placées sous l'ombre du nuage sont échauffées par le rayonnement des objets voisins; mais il n'en est pas de même quand on se trouve à une certaine hauteur, et surtout lorsqu'on se propose de calculer les variations de température du ballon. Car ce globe, étant presque diaphane, fait lentille et concentre les rayons avec une facilité extraordinaire. Guyton de Morveau a reconnu, à la fin du siècle dernier, que la température de l'air renfermé dans l'enveloppe pouvait dépasser de 30° celle de l'air extérieur! On cite l'exemple d'un ballon, où l'air a été si fortement échauffé qu'il s'est enlevé tout seul, comme l'aurait fait une montgolfière. Le gaz hydrogène carboné étant très-bon conducteur de la chaleur, s'échauffe encore beaucoup plus vite que l'air ordinaire. Mais reprenons la suite de nos raisonnements relativement à l'atmosphère.

Supposons un cumulus qui ait un kilomètre carré de base, et que l'arête de l'ombre noire qui le suit ait une longueur d'un kilomètre, le volume de l'air soustrait à la lumière directe sera donc d'un milliard de mètres cubes. Si tout cet air perd 10° de la température qu'il avait au soleil, la contraction totale sera de trente millions de mètres cubes. Il faudra que trente millions de mètres cubes de l'air extérieur soient venus remplacer l'air qui a été dissimulé par suite du rapprochement des molécules.

Tout cumulus qui se déplace peut donc être considéré comme une sorte de machine aspirante dont l'énergie dépend d'une multitude d'éléments différents entrant tous en ligne de compte.

Si le cumulus est très-petit et qu'il se déplace avec une vitesse très-grande, l'air ne perdra pas une portion sensible de sa chaleur, et le mouvement de soufflet sera faible. Mais il n'en sera pas de même avec des cumulus assez épais et d'une surface suffisamment grande pour que chaque molécule d'air reste ombragée pendant un temps assez notable pour se refroidir. Supposons que ces nuages soient carrés, et qu'ils se dirigent suivant un des côtés avec une vitesse de 12 kilomètres à l'heure.

Si le côté du carré est d'un kilomètre, une molécule d'air ombragée ne reverra point le soleil avant que cinq minutes ne se soient écoulées. C'est un laps de temps qui paraît suffisant *à priori* pour que l'on puisse admettre qu'une chute de 10° n'a rien d'excessif.

Par conséquent, par le fait de la condensation, l'air perdra un volume égal à la trentième partie du volume d'un cylindre de 12 kilomètres carrés de base et de 1 kilomètre de hauteur. Il en résulte que l'appel de l'air extérieur devra fournir par heure 360 millions de mètres cubes, soit 6 millions par minute ou 100,000 par seconde. Cet effet se trouve évidemment augmenté lorsque le vent charrie une flotte de cumulus marchant tous parallèlement dans le même sens, car chacun d'eux donne naissance à une aspiration identique.

Je ne sais si l'on considère les chiffres précédents comme exagérés, malgré les raisonnements que je viens de faire; ce que je sais, c'est que le ballon avait déjà reçu 1,600 mètres de gaz quand il survint une rafale plus violente que les autres qui, agitant énergiquement les toiles, nous fit craindre une issue funeste. L'énergie des tourbillons augmentait si rapidement que nous ne pouvions sans danger pour l'aérostat demeurer plus longtemps à terre. Notre nacelle fut donc attachée à la hâte, à la hâte nous y prîmes place, ou plutôt nous nous y entassâmes.

C'était un de ces paniers étroits, ressemblant à des cercueils, que le gouvernement de la Défense nationale avait fait construire ; on leur avait donné une hauteur de 1 mètre 20 centimètres, dans le but de protéger contre le vertige de braves gens qui quittaient Paris par devoir, et qui, par conséquent, lorsqu'ils se trouvaient au milieu des airs, étaient exposés à se rappeler beaucoup trop vivement jusqu'à quel point ils appartenaient encore à la terre.

S'il faut en croire les échos de cette nacelle dans laquelle nous sommes entassés comme des harengs dans une caque, la précaution ne fut point superflue, car l'on vit plus d'un front superbe à terre s'abîmer dans la poussière quand cet osier fut au niveau des nuages.

Le 27 mai 1874, nous avions le même vent que nos prédécesseurs, comme eux nous avons disparu dans la direction du sud-est. Comme eux, nous avons été poussés par une brise légère de 20 ou 25 kilomètres à l'heure, mais nous ne portons pas les secrets de l'État dans notre portefeuille ; suivant le précepte d'Horace, nous essayons de joindre l'utile à l'agréable.

Nous sommes entourés de membres de l'*Aréonaute-Club* et de quelques amis dont les bravos vont nous accompagner dans les airs.

Nous n'allons point flotter au-dessus d'une armée ennemie guettant nos moindres mouvements afin d'accélérer, s'il est besoin, notre chute à coups de mitraille.

Les étrangers qui contemplent avec curiosité notre départ, sont les ambassadeurs birmans, auxquels je viens de servir de cicerone.

Au premier rang, se tient le ministre des affaires étrangères, Ken Won-Mongi ; à sa droite, le prince Savay Daugi, et un peu plus loin, le capitaine Mong Mya, drogman pour la langue anglaise, qui m'a servi d'interprète. Les longues robes de formes bizarres et de couleurs voyantes de ces Orientaux, le parasol qui protége la tête du premier ambassadeur contre les rayons du soleil, les bonnets étranges, tout cela s'encadre merveilleusement de lumières. Il me semble que le ciel va sourire à nos vœux patriotiques. Avant de quitter la terre, au moment où nous commençons à flotter avec une vitesse nulle, où nous n'appartenons plus à la terre, où l'on ne peut dire si l'air a voulu de nous, je prononce quelques phrases ; et la péroraison parvient à l'oreille des auditeurs. Jamais je n'ai lancé plus énergiquement le cri national qui doit réunir tous les Français d'une façon définitive.

Le groupe des Birmans étincelle, on dirait une rivière de diamants qui brille au cou d'une duchesse. os cinq ou six cents invités se confondent, se mé- ıangent. Je vois sur la prairie comme une écharpe écossaise jetée sur une robe de soie verdâtre.

M. Tyndall a imaginé de faire l'été dernier des expériences sur la distance à laquelle les sons ces-

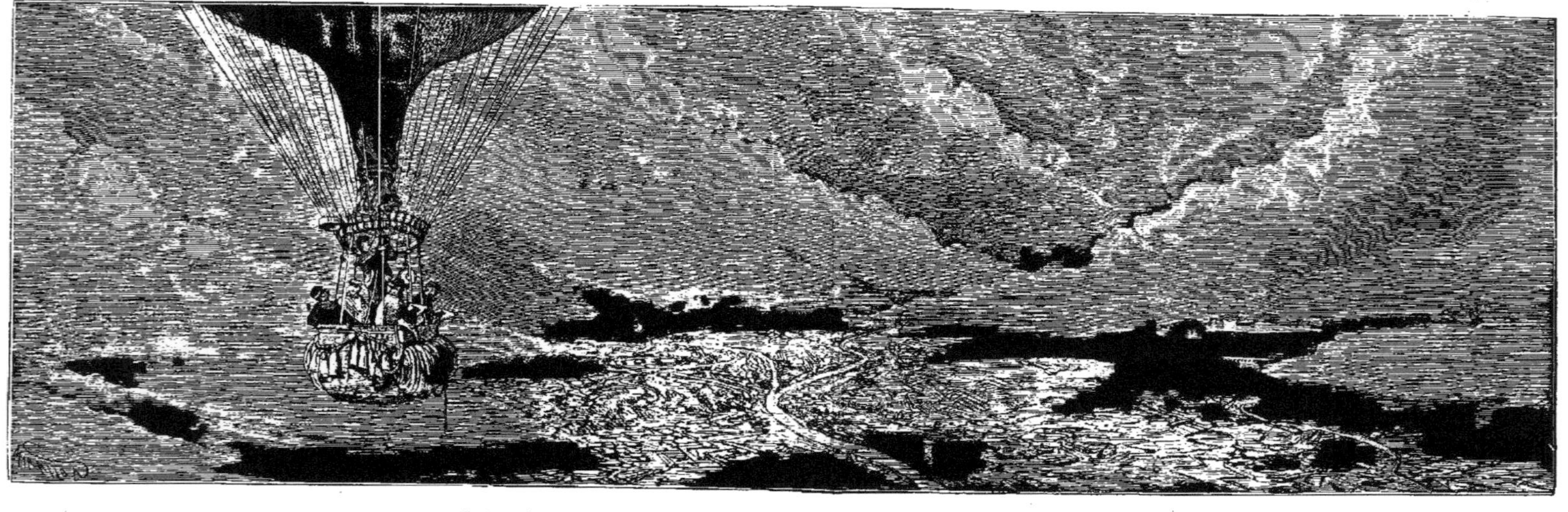

Paris et les nuages vus de 1,500 mètres du sol. — Dessin de M. Miranda, d'après nature.

sent d'être perçus sous l'influence de différentes variations atmosphériques. Le savant professeur de l'*Institution royale* a obtenu l'appui de la corporation dela Trinité et exécuté des opérations fort longues, fort dispendieuses pendant une croisière qui a duré depuis le 19 mars jusqu'au 14 juillet. Les conclusions auxquelles il est parvenu ne me paraissent point décisives. Je pense qu'il faudrait chercher à se débarrasser de tous les éléments qui ont dû perturber l'opérateur. Le bruit des vagues, celui de la machine d'un steamer, l'orientation du navire, les échos multiples produits par la surface de la mer, aussi bien que par le relief des côtes, tout cela disparaît dans une ascension aérostatique dès que l'observateur quitte la petite banlieue de la terre.

Je n'ignore pas que l'opération aérostatique est compliquée d'une multitude de difficultés sérieuses; on ne possède ni les baromètres, ni les chronomètres nécessaires pour opérer avec une précision décisive.

Mais avant de se préoccuper des mesures nécessaires pour compter le temps, il fallait s'assurer que les sons de la terre et du ballon seraient encore perçus à une distance suffisante, par exemple à quelques milliers de mètres.

Une fois, deux fois, trois fois, j'entends retentir une trompe, une fois, deux fois, trois fois, nous répondons. On nous entend, car l'on répond encore.

Cependant le magnifique établissement où nous avons tant de fois trouvé des ailes pour nous essayer à la conquête de l'air, n'est plus qu'un point perdu dans le dédale des rues, des squares. Cet atome disparaît dans un océan de lumière où notre œil s'égare, et le son de la trompe nous poursuit encore dans l'espace.

Victoire, je ne me suis pas trompé. Cette expérience préliminaire prouve que nous ferions mieux dans notre élément que l'Angleterre dans le sien. Patience, et les ballons aidant, les mystères de l'acoustique seront éclairés d'une vive lumière.

Je suis déjà passé bien souvent dans le dessus de Paris, mais jamais je n'ai vu deux fois le même spectacle, tant la vue est influencée non pas seulement par l'état de l'atmosphère, mais par la quantité de lumière et par l'obliquité des rayons. Je crois que l'orientation de la route produit aussi un grand changement dans la perspective à cause des différentes inflexions du terrain dont, contrairement à ce qu'ont annoncé certain aéronautes, la courbure est très-appréciable.

La grande difficulté pour se reconnaître, c'est la multitude des points de repère. Ce n'est jamais que dans les airs que j'ai éprouvé ce sentiment que l'on nomme l'embarras des richesses, mais il y est complet; chaque fois que je veux reconnaître ma route dans un district bien connu, comme je me rends parfaitement compte de la triste situation d'esprit dans laquelle se trouvent souvent nos Midas.

Il me semble qu'en analysant les impressions visuelles que l'on éprouve alors on arriverait à expliquer les divergences d'opinion dont la nature des paysages lunaires est l'objet de la part des astronomes. En effet les savants qui étudient les aspects de Phœbé avec tant de persévérance, se trouvent vis-à-vis de notre satellite dans la même situation que les aréonautes quand ils regardent à leurs pieds pour apercevoir la terre.

Jamais en effet je n'ai trouvé la vue aéronautique de Paris plus nouvelle, plus embrouillée, quoique dans presque toutes mes ascensions je sois parti de l'usine de la Villette. La différence d'impression ne tient pas seulement au grand nombre de directions différentes que prend l'aérostat, au plus ou moins de vitesse avec laquelle il voyage, à la hauteur plus ou moins grande du niveau aérien que l'on parcourt, mais, je crois, aux circonstances atmosphériques, je dirais presque astronomiques. La hauteur du soleil et la distance zénithale exercent certainement une très-décisive importance par la manière surtout dont certaines parties du paysage sont mises en lumière.

La forme des objets influe peut-être dans ce cas moins que leur orientation. C'est ainsi que la rue Lafayette, qui court dans la direction générale du nord-est et qui, après avoir fait un faible coude, se dirige vers la rue de Flandre, se montre comme une voie si étrangement distincte de toutes les autres que nous hésitons pendant quelque temps avant de la reconnaître.

L'infini nous saisit par tous les pores ; il nous faut quelque temps avant que la raison retrouve son entier équilibre.

La forme des nuages qui sont au ciel vient merveilleusement à notre aide ; en effet, ils se projettent sur le sol de la manière la plus nette et donnent une idée parfaite de la nature du milieu dans lequel on se trouve. Si l'on est à leur niveau, ils fournissent une mesure fort exacte de la vitesse et de la direction avec laquelle se meut le globe. Si l'on est au-dessus ou au-dessous on peut comparer leur route avec celle de l'aérostat lui-même. Il serait certainement on ne peut plus facile de les photographier si l'aérostat était disposé de manière à recevoir une chambre noire et un objectif embrassant bien entendu une portion limitée du paysage.

La ville nous paraissait marbrée de taches si régulières que je ne saurais mieux la comparer qu'à une peau de tigre.

M. Miranda, qui observait ces marbrures, vit une de ces ombres couvrir entièrement un des forts ainsi que les ouvrages avancés. Il en tira la conclusion que cette tache allongée deux fois plus qu'elle n'était large avait environ un kilomètre dans sa grande dimension, et par conséquent 500 mètres dans sa plus petite. Comme toutes les ombres étaient pareilles, celle-là m'a servi à mesurer d'un seul coup toutes les autres.

Les ouvrages fortifiés sont un excellent point de repère, car on n'a qu'à compter ces bastions pour reconnaître immédiatement où l'on se trouve. La nouvelle enceinte sera bien précieuse à ce point de vue et elle permettra aux aéronautes de débrouiller avec précision leur route dans un district d'une étendue immense, suffisante pour les manœuvres aériennes les plus complexes. Les aérostats seront les premiers à profiter de ces grands travaux patriotiques. En cas de guerre ils rendront ce qu'ils ont reçu avec usure.

Au-dessus du bastion de la Villette, je suis victime d'une illusion facile à comprendre.

Nous nous écartons du confluent des deux canaux et en même temps nous montons. Il en résulte que l'angle de visée avec la verticale reste à peu près le même. J'en conclus que nous restons stationnaires. Il faut que M. Miranda me fasse apercevoir mon erreur. Cet effet est analogue à celui qui trompe tant de gens qui regardent une ascension de terre, et qui leur fait dire si souvent à tort que le ballon ne bouge pas, tandis qu'il s'éloigne et s'élève à la fois.

Si j'avais regardé du côté du sud, c'est-à-dire

dans le sens de notre translation, un effet inverse se serait produit : j'aurais vu les objets changer d'obliquité très-rapidement non-seulement à cause de l'élévation croissante du *Guillaume-Tell*, mais encore à cause de la diminution de distance ; j'aurais donc conçu une idée exagérée de notre vitesse verticale. C'est encore l'illusion qui fait que le ballon paraît tomber quand il est en descente et qu'on le regarde d'un point vers lequel il marche. Bien des fois de braves gens qui en sont victimes se précipitent à pied, à cheval, en voiture, pour courir à l'aide des aéronautes. C'est ce qui fait que pendant la guerre les hulans ont brûlé tant de poudre inutile.

Quoi qu'il en soit, nous tourbillonnons au-dessus des buttes Chaumont que recouvre une tache plus noire que toutes celles qui zèbrent la grande ville. Paris ainsi bariolé d'une façon régulière ressemble à une selle mouchetée que Gargantua aurait jetée sur les rives de la Seine. Espérons que jamais despote ne parviendra désormais à s'y asseoir. Bientôt nous dérivons vers la barrière du Trône, mais le courant supérieur nous a repris et nous voguons vers la Bastille. Le génie de la Liberté étincelle sous un rayon de soleil. Acceptons-en l'augure.

L'homme a disparu, mais son œuvre ne paraît que plus parfaite, plus majestueuse. On comprend que de ce volcan d'idées dont nous admirons le cratère velouté de cheminées, de toits, zébré de boulevards, bariolé de squares, sorte quelquefois un cône funèbre vomissant de sombres torrents de sophismes, de cendres, d'erreurs, de mensonges. Mais la flamme révélatrice ne tardera pas à s'élancer vers le ciel. Salut, adorable atelier de pensées généreuses dont nous mesurons la grandeur. Salut, Paris calomnié, nous planons assez haut pour perdre de vue les traces des discordes civiles. Ton Hôtel de Ville nous paraît avoir reconquis sa splendeur. Ah ! voici qu'un nuage nous sépare et nous rappelle que nous planons à une hauteur que tous les monuments entassés comme Pélion sur Ossa ne sauraient atteindre.

Il y a quelques minutes que nous avons quitté la direction de notre route primitive ; au lieu de marcher vers le sud-est, nous dérivons vers le vrai sud, et nous devons monter encore 600 mètres avant d'atteindre les nuages. Cette circonstance est à noter, car elle paraît donner la clef d'un fait important de physique aérienne ; si je ne me trompe, elle explique la manière dont a marché la dislocation du couvercle de la terre. En effet, la terre ayant acquis un certain degré de chaleur parce que le soleil n'avait jamais arrêté les rayons thermiques, la nuée s'est trouvée dissoute par le bas en même temps qu'elle était attaquée par le haut. Le travail du bas est devenu d'autant plus énergique que l'insolation directe n'a pas tardé à se produire par quelques lacunes. Nous verrons plus tard ce que le soleil a fait en haut. En bas le courant nord-sud a été balayé, toute la vapeur d'eau a disparu d'une couche de 600 mètres dans l'intérieur de laquelle nous grimpons, fendant un air limpide.

La variété des paysages terrestres qui se succèdent quand on voyage en train express ne donne qu'une faible idée de la multitude des métamorphoses qui se sont produites avec la rapidité d'un songe dans cette ascension remarquable. Nous sommes entrés, pour ainsi dire, dans un monde nouveau au moment où Paris, au-dessus duquel nous planons, a disparu, enveloppé dans d'épouvantables tourbillons de vapeurs.

Vainement le plus habile artiste se flatterait de comprendre la forme de ces magnifiques cumulus, s'il ne s'est pas trouvé isolé de la vue de toute œuvre humaine, s'il ne s'est pas senti le jouet de ces forces qui font déjà si grand à moins d'une lieue au-dessus de nos petites habitations civilisées, et qui développent la majesté de l'infini devant l'œil étonné des aéronautes. Moi-même qui commence à être chez moi dans les nuages, je ne pouvais deviner la masse énorme de ces nues monstrueuses, car, par un caprice jusqu'alors inexpliqué de la nature, elles étaient beaucoup plus hautes que larges, et surtout qu'épaisses.

Non-seulement leur face, qui eût recouvert deux fois le jardin des Tuileries, est réduite par l'éloignement à des proportions infimes, mais leur hauteur se trouvait étrangement dissimulée. Il fallait les avoir côtoyées d'un bout à l'autre, l'œil sur l'aiguille d'un excellent baromètre Richard, pour se bien figurer que, de la base jusqu'au sommet, elles étaient quatorze fois plus hautes que la grande pyramide d'Égypte, qu'il y avait aussi loin de leur pied à leur front que de l'obélisque à l'Arc-de-Triomphe. Qui eût dit que le volume de chacune de ces colonnes inclinées pendant au ciel de Paris comme autant de stalactites au plafond d'une grotte, dépassait cinq cents millions de mètres cubes !

Avec quelle volupté nous aurions gradué notre essor avec ma soupape à régulateur, mais nous avons dû nous contenter de clapets ordinaires.

Nous nous élançons malgré nous dans une de ces grandes vallées célestes qui se dressent au-dessus de nos têtes, et portés par un rayon de soleil, nous ne tardons point à planer au niveau de la cime.

Dans son premier dessin, M. Miranda a montré l'ouverture inférieure de ces singulières cavernes inclinées, formées par des amas de vapeurs se durcissant à mesure qu'elles pénètrent dans un air plus rare.

A 1,300 mètres, notre premier point de vue, la nuée est friable ; on dirait qu'elle est sur le point de se dissoudre ; à 2,000 mètres, elle semble déjà solide ; à 3,000 mètres, elle est assez dure pour résister à l'action du grand soleil. On tremble, si l'on ne réfléchit point à leur nature vaporeuse cachée sous un aspect marmoréen, qu'elles ne déchirent la frêle enveloppe du *Guillaume-Tell*. Si nous les touchons, nous atomes, portés par 2,000 mètres de gaz, ne serons-nous pas précipités au fond de l'océan aérien comme des aérolithes ?

Mais il n'en est rien, la matière fuit devant nous comme le ferait une substance gélatineuse. Étrange analogie, les phénomènes qui nous entourent sont identiques à ceux que l'on contemple sur les hauts sommets des Alpes ou dans les mers polaires. Face à face avec le soleil, la vapeur d'eau se comporte à peu près de la même manière que la glace et la neige. Ainsi que le *Polaris*, nous naviguons au milieu des débris d'une banquise que le soleil vient de mettre en débâcle.

La surface qui regarde le ciel et que les habitants des autres planètes connaissent certainement mieux que nous, offre un aspect beaucoup plus étrange que la face inférieure, car nous voyons se produire autour de nous une sorte de fourmillement inouï. Sur chacune de ces têtes mamelonnées se trouve condensée ce que je nommerai la vie de la chose, sans aucune envie de faire de métaphore, et uniquement parce qu'il me semble que les masses qui nous entourent possèdent une sorte de personnalité, une sorte d'organisation individuelle. Comment

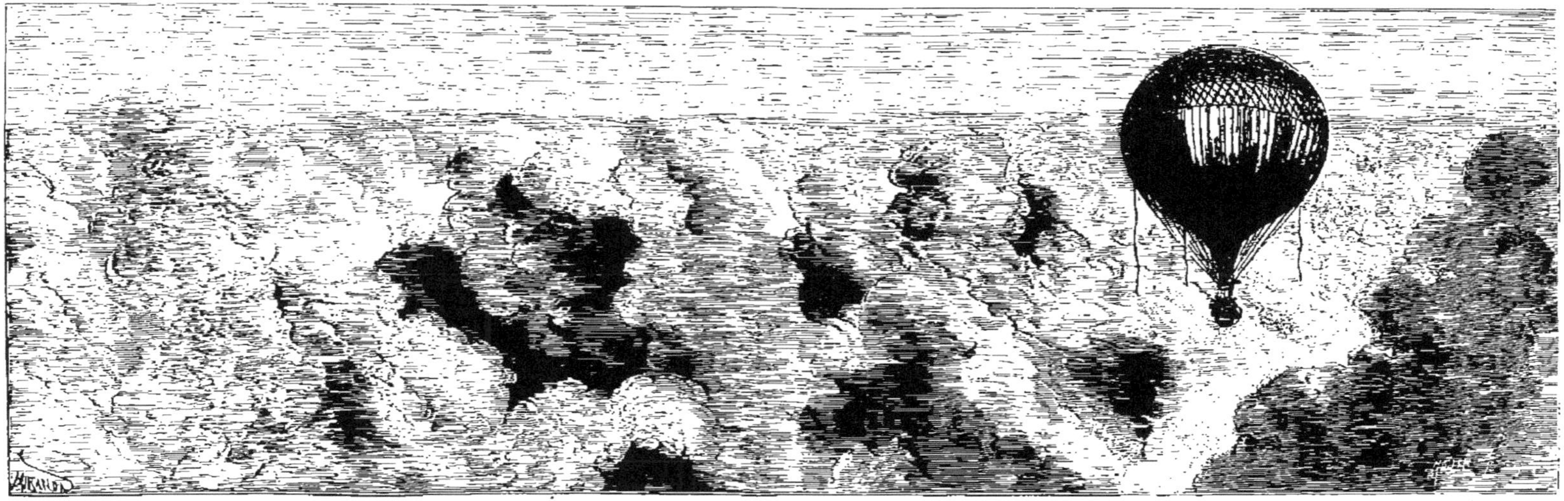

ASCENSION DU GUILLAUME-TELL. — **Le dessus des nuages vu à 3,000 mètres.** — Dessin de M. Miranda, d'après nature.

soutenir, en effet, que ces nuées sont simplement des vapeurs chaotiques, formées par un pur hasard, quand on voit qu'elles ont toutes la même forme, la même inclinaison, la même figure ? on dirait des animaux doués d'une nature transcendante particulière. Nous autres faibles et impuissants aéronautes, nous assistons ébahis à une lutte acharnée du soleil et de l'ombre, du sec et de l'humide, du blanc argentin et du bleu limpide.

Déjà, à ce niveau si modeste, si nous le comparons à la profondeur de l'atmosphère, tout ce que nous voyons nous surpasse. Ce n'est pourtant que le premier cercle de l'infini qui s'ouvre à nos regards stupéfaits. Au-dessus de ces masses étranges en planent d'autres plus gigantesques, plus glaciales, plus pesantes.

Entre les têtes lumineuses, éblouissantes, de ces cumulus, au milieu desquels notre ballon disparaît comme une mouche devant un éléphant, nous voyons se projeter à l'horizon, disposés en strates parallèles, de mystérieux cirrhus.

Dans son second dessin, M. Miranda a retracé le profil de ces masses lointaines, majestueuses, dominant les nuages argentins qui nous entourent.

La manière dont leurs têtes mamelonnées protégent la queue inclinée qui les prolonge s'explique aisément ; en effet, je retrouve les colonnes de névé qui soutiennent les pierres détachées des montagnes voisines comme autant de chapiteaux noirâtres. Mais comment la tête résiste-t-elle à l'action dévorante ? Qu'est-ce qui la nourrit ? Qu'est-ce qui entretient cette effervescence?

Ces longs cirrhus filamenteux, poussés par un vent différent des vents inférieurs, se promènent dans un sens perpendiculaire à leur largeur. Pourquoi, quoique peu visible, leur ombre ne suffirait-elle point pour former des centres de précipitation et de distillation incessantes ?

Jusque dans le fond de l'océan aérien, nous éprouvons évidemment les effets de la réaction des différentes enveloppes de la terre travaillées par les rayons solaires. Leurs modifications doivent produire pour les habitants des autres planètes des phénomènes aussi compliqués que les apparitions des taches du soleil. S'ils les aperçoivent, ils en ont sans doute fait le texte d'une multitude de remarques bizarres aussi éloignées de la nature que celles dont MM. Secchi, Faye et Janssens ont enrichi la science. Pourquoi ce dernier ne se méfie-t-il pas du spectroscope, lui qui est un aéronaute, et qui peut par conséquent se faire une idée du peu de foi que méritent les nuages même solaires?

Nous entendons en ce moment des voix mystérieuses. Ce n'est pas le murmure de Paris ; il s'est éteint depuis quelques minutes; rien ne saurait le faire pénétrer jusqu'à cette altitude.

Ce n'est sans doute que le souffle du vent, que répercutent des échos innombrables, qui remplit le labyrinthe aérien au milieu duquel le *Guillaume-Tell* vient de passer comme une flèche qui monte.

Si nous avions donné de la trompette, il est probable que nous les eussions réveillés d'une façon formidable. Nous aurions fait sortir un mugissement incomparable du fond de ces interminables cavernes auprès desquelles la grotte de Fingal n'est qu'un trou à rat. Mais nous devions quitter plus rapidement que nous ne le supposions cette région curieuse.

C'était la première fois que Charles Chavoutier échappait à ma férule aérienne, et que je lui laissais la direction de la manœuvre.

Pendant que je m'occupais de la mise en place des instruments, il avait jeté un sac de lest et augmenté, par conséquent, notre force ascensionnelle d'une quantité notable. Nous n'avons pas mis plus de vingt minutes à traverser cet océan de vapeurs si bizarres; nous étions partis à une heure, et à une heure vingt nous planions au sommet de ces immenses colonnes flottantes, dont nous avions essayé de décrire la forme et la nature.

Le gaz du ballon, refroidi par une dilatation rapide équivalant au quart de son volume primitif, avait pris une température inférieure à celle qu'il avait lors du gonflement. Tout en le maintenant à une température supérieure à celle de l'air ambiant le soleil n'avait pas pu l'empêcher de descendre au point de rosée, et il n'avait pas tardé à devenir opaque. Aussi dès que la pression de l'air lui eut permis de prendre un volume supérieur à celui de l'enveloppe, il se mit à sortir du globe aérostatique sous forme de fumée blanchâtre, analogue à celle que vomirait un tuyau de dégagement de vapeur à basse pression.

Comme mon but n'était point de séjourner dans les régions élevées de l'atmosphère, j'avais fait donner de petits coups de soupape pour modérer l'ascension, dès que j'avais vu le *Guillaume-Tell* commencer à fumer sa pipe. L'effet de cette perte de gaz fut prompte à se faire sentir, et nous ne tardâmes point à rentrer sous l'abri du nuage.

Le hasard nous avait fait rencontrer dans la première partie de notre ascension un rayon de soleil qui nous avait remorqué rapidement le long d'une cheminée. Il nous avait servis au-delà de nos désirs, le voilà maintenant qui se met à nous trahir; au lieu de dégringoler le long d'une faille, nous tombons en plein dans le nuage. On eût dit qu'un tentacule se détachait d'une immense pieuvre aérienne, tant la matière nébuleuse vers laquelle nous marchions semblait s'approcher de nous avec avidité. C'était merveille de voir se dérouler la substance blanchâtre qui devait nous alourdir et combiner ses effets à ceux du refroidissement de l'air.

Le soleil cessant de travailler à nous échauffer, nous ne tardâmes point à prendre la température de l'ombre. Quoique le gaz du ballon doive s'échauffer en se contractant, nous nous alourdissons relativement de tout le volume que nous perdons par suite d'une diminution de notre quantité de chaleur. Si les calculs que nous avons fait plus haut sont exacts, nous ne perdons pas moins de 10° de chaleur. Notre poids s'augmente donc de 50 à 60 kilogrammes, c'est à peu près comme si nous ouvrions la soupape et laissions échapper 100 mètres cubes de gaz.

La chute est encore accélérée par la quantité de vapeur d'eau qui se précipite sur l'aérostat et qui produit un effet très-notable, car le développement de nos toiles est d'environ 4 à 500 mètres carrés.

Je recommande cependant de jeter du lest avec précaution, espérant que nous pourrons maîtriser la descente, sans bondir de nouveau en pleine lumière. Mais je ne tarde pas à m'apercevoir que mes précautions sont trop bien prises, car la descente continue à s'accélérer. M. Lesage a attaché son hélice au bout d'un bâton que nous avons fixé au cercle ; elle a commencé par tourner lentement, et petit à petit son mouvement s'accélère.

Nous avons pris comme lest du sable tamisé très-fin et très-sec, par conséquent très-léger. Comme le ballon descend avec une certaine vitesse, la nacelle produit un vent d'aspiration énergique ; ce courant d'air saisissant la majeure partie des grains de sable que Charles jette par-dessus bords, les ramène dans la nacelle et nous les fait tomber sur nos épaules.

Nous descendons au milieu d'un véritable nuage.

Des personnes qui ont assisté à l'incident nous ont raconté que ce spectacle était excessivement pittoresque, car la nacelle disparaissait presque au milieu de la poussière que nous traînions avec nous dans les airs. Pour éviter un pareil inconvénient, qui pourrait se reproduire dans des circonstances plus dangereuses, je me demande s'il ne serait pas préférable d'employer de la limaille de fer, substance dont le poids spécifique est considérable et dont le prix est à peu près nul.

L'hélice de M. Lesage a pris le mors aux dents, on la voit tourbillonner avec une rapidité fantastique qui indique l'imminence d'un danger. Évidemment cet appareil acquiert une force vive qui empêche que ses indications ne soient comparables au baromètre, mais il nous crie casse-cou en tournant d'une façon si effrénée, qu'on ne peut plus compter les tours. Un peu plus nous sommes en détresse, voilà le sauve qui peut aérien qui commence.

Heureusement, j'ai imaginé de suspendre un certain nombre de sacs hors de la nacelle afin de diminuer l'encombrement; je me baisse à propos et je décroche deux sacs qui tombent comme deux blocs. Il était temps, car nous nous approchons de terre avec une rapidité si énorme que je ne peux décrocher le troisième. Nous n'avons largué ni notre ancre ni notre guide-rope.

Le choc est analogue à celui que produirait la chute d'une hauteur d'un mètre.

Charles Chavoutier profite de l'intervalle entre le choc et le ressaut pour trancher la corde de l'ancre, qui est une sorte de grappin d'une forme particulière dont il est l'inventeur, en collaboration avec son frère James.

Nous sommes tombés dans une propriété entourée d'arbres, située sur le territoire de la commune de Maisons-Alfort. Le grappin a pris à merveille, nous sommes captifs quand nous rebondissons dans les airs.

Le ballon tient encore son gaz, la chute rapide n'est donc pas le produit d'une déchirure. Est-ce que la soupape aurait été ouverte par un des voyageurs se cramponnant aux cordes pendant la descente? Est-ce que la soupape n'aurait point été ouverte automatiquement parce que Charles Chavoutier a imaginé d'attacher la corde au fond de la nacelle? Comme le ballon s'allonge à mesure qu'il se vide, si l'on n'a point laissé la corde lâche, cet accident arrivera infailliblement? Toutes ces pensées se présentent à mon esprit dès que j'ai mis pied à terre.

Je pense toutefois que la rapide condensation produite par l'ombre d'un nuage suffit pour expliquer ce phénomène, car j'ai éprouvé cet effet dans une ascension exécutée en 1870, au mois de juin, en plein soleil. Nous sommes descendus d'autorité déjà cette première fois, quoique, plus alertes qu'en mai 1874, nous ayons jeté tout notre lest. Il nous a été impossible d'obtenir d'autre résultat que de modérer la chute qui, si nous n'avions été bien pourvus de sable, serait rapidement devenue brisante.

Charles Chavoutier voudrait repartir sur l'heure, laissant à terre deux des voyageurs. Mais l'expédition a trop bien commencé pour qu'il ne faille pas la terminer ensemble. Je me décide à aller à l'usine voisine pour tâcher de remplacer le gaz que nous avons perdu en l'air. C'est le voyage en zig-zag qui va peut-être commencer! Hélas, à peine ai-je commencé qu'un violent tourbillon de vent s'élève, le *Guillaume-Tell* est fendu depuis la soupape jusqu'à l'appendice. Lafontaine n'aurait pas écrit la *Laitière et le Pot au lait* s'il avait connu les ballons et les aéronautes.

Saint-Germain. — Imprimerie E. HEUTTE et Cᵉ.

PRINCIPAUX OUVRAGES SCIENTIFIQUES
DE
M. WILFRID DE FONVIELLE

LA CONQUÊTE DE L'AIR
In-18 jésus : 1 fr.

UTILITÉ DES PARATONNERRES
In-18 jésus : 1 fr.

LE MÈTRE INTERNATIONAL DÉFINITIF
In-18, cartonné : 2 fr.

L'HOMME FOSSILE
In-8 : 3 fr.

L'ASTRONOMIE MODERNE
In-32 : 3 fr.

LA SCIENCE EN BALLON
In-18 : 2 fr.

LA PHYSIQUE DES MIRACLES
In-18 orné de jolies vignettes : 2 fr.

ÉCLAIRS ET TONNERRE
5e édit. In-18, avec nombr. grav. : 2 fr. 25.

LES MERVEILLES DU MONDE INVISIBLE
4e édit. In-18, avec nombr. grav. : 2 fr. 25.

TABLEAU PRATIQUE DE LA NAVIGATION AÉRIENNE
Grand in-folio, en noir : 2 fr. — Colorié : 2 fr. 50.

Imprimerie Eugène Heutte et Ce, à Saint-Germain.

www.ingramcontent.com/pod-product-compliance
Ingram Content Group UK Ltd.
Pitfield, Milton Keynes, MK11 3LW, UK
UKHW020456230726
13925UKWH00005B/1982

9 782013 424417